BEI GRIN MACHT SICH IHR WISSEN BEZAHLT

- Wir veröffentlichen Ihre Hausarbeit,
  Bachelor- und Masterarbeit

- Ihr eigenes eBook und Buch -
  weltweit in allen wichtigen Shops

- Verdienen Sie an jedem Verkauf

Jetzt bei www.GRIN.com hochladen
und kostenlos publizieren

Melanie Friedemann

Unterrichtsstunde Sexualkunde: Babypflege

Unterrichtsentwurf für Klasse 8

GRIN Verlag

Bibliografische Information der Deutschen Nationalbibliothek:

Die Deutsche Bibliothek verzeichnet diese Publikation in der Deutschen National-
bibliografie; detaillierte bibliografische Daten sind im Internet über http://dnb.d-
nb.de/ abrufbar.

Impressum:

Copyright © 2008 GRIN Verlag GmbH
Druck und Bindung: Books on Demand GmbH, Norderstedt Germany
ISBN: 978-3-640-34714-8

Dieses Buch bei GRIN:

http://www.grin.com/de/e-book/129633/unterrichtsstunde-sexualkunde-babypflege

x xx

Berlin, 12.12.2008

6. SPS Friedrichshain – Kreuzberg (L):	Frau x-xx
FS/AL :	Frau xxx
FS/LB :	Frau xxx
Schulleiter:	Herr xxx

Sexualkunde

Entwurf einer Unterrichtsstunde im Fach Naturwissenschaften

Ausbildungsschule:	x x x
Klasse:	8b
Zeit:	11:00 – 11:45 Uhr
Raum:	4

Inhaltsverzeichnis

1. **Unterrichtseinheit**

1.1. **Thema der Unterrichtseinheit**

Sexualkunde.

1.2. **Bezug zum Rahmenplan**

Die Schüler der Klasse 8b der Schule am X. werden nach dem Rahmenlehrplan mit sonderpädagogischen Förderschwerpunkt Lernen für das Land Berlin/Brandenburg unterrichtet.[1]

Laut des o.g. Rahmenlehrplans sind die Standards für den naturwissenschaftlichen Unterricht am Ende der Jahrgangsstufe 8 für die Unterrichtseinheit entsprechend im Themenfeld: *„Leben"* wie folgt festgelegt:

Die Schüler:

- beschreiben körperliche, psychosoziale Veränderungen während der Pubertät,
- unterscheiden die Geschlechtsorgane des Menschen und erläutern deren wesentliche Funktionen,
- beschreiben den Menstruationszyklus anhand von Abbildungen,
- erörtern die Bedeutung von Körperhygiene und Körperpflege,
- sprechen über Gefühle, Wünsche und Abneigungen in angemessener Form,
- erklären die Entwicklungsstadien von der befruchteten Eizelle bis zur Geburt,
- nennen geeignete Möglichkeiten des Schutzes vor Geschlechtskrankheiten,
- vergleichen Möglichkeiten der Verhütung
- beschreiben die Verantwortung der Mutter für das Kind und die Voraussetzungen für eine gesunde Entwicklung des Kindes,
- reflektieren kritisch die Möglichkeit eines Schwangerschaftsabbruchs und kennen gesetzliche Regelungen.

Durch den produktiven Umgang mit dem Thema Sexualkunde haben die Schüler die Möglichkeit, die angeführten Standards zu erreichen und ihr gewonnenes Wissen für ihre zukünftige Lebensplanung zu nutzen.

---

[1] Diese Schreibweise umfasst zur Erleichterung für den Leser beide Geschlechter.

1.3. Aufbau der Unterrichsteinheit

Stunde	Inhalt der Stunde	Lernziel der Stunde
1. 05.09.08	Einführung in die Sexualkunde Einführung in das Thema Sexualkunde anhand stummen Impuls „SEX" an Tafel→ Ideensammlung. Durchführung einer anonymen Umfrage, um Vorwissen der S. zu erfahren	Die S. greifen auf Vorwissen zurück.
2./3. 08.09.08	Pubertät Die S. sammeln Ideen aus eigener Erfahrung was sich in Pubertät verändert, lesen Text im Lehrbuch. Sie sortieren die Veränderungen nach Kriterien wie körperlich und seelisch ein.	Die S. erkennen, dass sich Menschen in der Pubertät verändern. Sie können diese Veränderungen benennen und nach körperlich und seelisch einordnen.
4. 12.09.08	Pubertät Jeopardy Spiel zur Wiederholung	Wissen über die Pubertät wird mittels Lernspiel gefestigt.
5./6. 15.09.08	Männliche Geschlechtsorgane Die S. lernen die männlichen Geschlechtsorgane durch ein „Laufdiktat" kennen und ordnen die richtige Funktion anhand farbiger Kärtchen richtig zu.	Die S. können männliche Geschlechtsorgane benennen und die Funktion derer beschreiben.
7. 19.09.08	Weibliche Geschlechtsorgane Die S. puzzlen die weibliche Geschlechtsorgane. Sie beschriften diese und ordnen ihnen die richtige Funktion mit Hilfe des Lehrbuches zu. Die S. lernen den Menstruationszyklus anhand Abbildungen und Bildtexten kennen.	Die S. können weibliche Geschlechtsorgane bennen und ihnen die richtige Funktion zuordnen. Sie können den Menstruationszyklus beschreiben, indem sie den „Weg der Eizelle" erläutern.
8./9. 22.09.08	Stationsarbeit: Übungsstunde zur Verfestigung des Wissens über Pubertät, Geschlechtsorgane und den Menstruationszyklus	Die S. üben und festigen erworbenes Wissen: - Beschreibung von Veränderungen in der Pubertät - Zuordnung der Geschlechtsorgane mit Funktion - Menstruationszyklus
10. 26.09.08	Lernkontrolle	Überprüfung des erworbenen Wissens
11. bis 19.[2] 29.09.08 bis 17.10.08	Liebe und Gefühle	Die S. kennen Regeln zur Körperhygiene. Sie können ihre Gefühle bezüglich Selbstbild und Bild von anderen ausdrücken.
20./21. 03.11.08	Ein Baby entsteht Die S. sehen anhand verschiedener Abbildungen wie eine Frau schwanger wird und wiederholen den Menstruationszyklus. Sie lesen im Buch Text um im Arbeitsheft die Aufgaben zu lösen.	Die S. können die Entstehung eines Embryos beschreiben.
22. 07.11.08	Ein Embryo wächst heran: Die S. sehen Ultraschallfotos und sortieren Bildkarten auf denen der Embryo in verschiedenen Entwicklungsstadien abgebildet ist an der Tafel. Anschließend erhalten sie diese Bildkarten mit kurzen Texten, die in ihr Heft einsortiert und geklebt werden.	Die S. kennen verschiedene Stadien der Schwangerschaft.
23./24.	Schwangerschaftsverlauf	Die S. entnehmen wichtige Informationen aus

---

[2] Stunden wurden wegen Krankheit vertreten

10.11.08	Die S. lesen Text auf Bildkarten, unterstreichen wichtige Informationen und erfahren die Größe des Embryos mit Lineal und Faden. Das Gewicht des Ungeborenen können sie mit mitgebrachten Utensilien erfühlen. Klammerkarten: S. entscheiden welche Definition zu welchem Fachwort gehört.	einem Sachtext. Sie können Fachwörter sachgemäß verwenden (Embryo, Nabelschnur, Befruchtung, Bläschenkeim, Fruchtblase)
25. 14.11.08	Schwangerschaft und Geburt Die S. sortieren Bildkarten zum Thema Schwangerschaft→was ist gesund und was ungesund. Sie tragen dieses in eine Tabelle ein. Die S. stellen ihre Geburtssteckbriefe vor.	Die S. kennen gesundes und ungesundes Verhalten in der Schwangerschaft. Sie reden vor der Klasse indem sie ihre Steckbriefe präsentieren.
26./27. 17.11.08	Geburt und Verhütungsmittel Die Schüler erlesen sich die 3 Phasen der Geburt anhand de Lehrbuches und beschreiben diese in Gruppen. Sie nennen Möglichkeiten um sich vor einer Schwangerschaft zu schützen. Verhütungsmittel werden an der Tafel aufgelistet. Die S. teilen sich in 2er Teams und gehen in Apotheke/Drogerie um sich nach weiterer Verhütungsmittel und deren Preis zu erkundigen.	Die S. kennen die drei Phasen der Geburt. Sie wissen, dass sie zum Schutz vor einer Schwangerschaft verhüten müssen. Die S. orientieren sich mit Hilfe eines Stadtplanes. „Erfahrungsberichte" zur Geburt
28. 24.11.08	Projekttag Die S. erstellen ein Lernplakat zum Thema Verhütung. Sie sammeln Informationen über verschiedene Verhütungsmittel im Internet, aus Broschüren und dem Lehrbuch. Die S. bewerten diese Verhütungsmittel nach Sicherheit, Preis und Anwendung.	Die S. können unterschiedliche Verhütungsmittel benennen und erkennen, dass nicht alle gleich sicher sind. Sie wissen, wie einige Verhütungsmittel angewendet werden und erfahren Möglichkeiten, wo sie gekauft werden.
29. 28.11.08	Stationsarbeit: Übungsstunde zur Festigung des Wissens über Schwangerschaft, Geburt und Verhütung.	Die S. üben und festigen ihr erworbenes Wissen über: - Schwangerschaft - Geburt - Verhütung
30./32. 01.12.08	Stationsarbeit Weiterführung der Stationsarbeit. Anschließend erfahren die S. was Geschlechtskrankheiten sind und wie sie sich davor schützen können.	Die S. kennen Geschlechtskrankheiten und Mitte um sich vor ihnen zu schützen.
33. 05.12.08	Die S. erfahren was Geschlechtskrankheiten sind, welche Auswirkungen sie haben können und wie sie sich vor ihnen schützen.	Die S. können Geschlechtskrankheiten und deren Auswirkungen benennen. Sie wissen, wie sie sich schützen können.
34./35 08.12.08	Kontrolle Dokumentation über Fortpflanzung im Tierreich	Überprüfung des erworbenen Wissens Die S. lernen Verhaltensweisen und Fortpflanzungsunterschiede zum Tierreich kennen.
36. 12.12.08	Pflege und Ernährung des Babys. Die S. lernen Nahrungsmittel für Babys kennen, vergleichen sie nach dem Preis und ihrer Zubereitungsart, indem sie sie selbst herstellen. Sie lernen ein Baby zu wickeln und vergleichen Stoffwindeln mit Wegwerfwindeln. Präsentieren ihre Ergebnisse.	Die S. können Babynahrung zubereiten und kennen Vor- und Nachteile von Fertignahrung gegenüber dem Stillen. Kennen Windeltechniken, unterschiedliche Windelarten und können diese anwenden.
37./38 15.12.08	Auswertunge der Gruppenarbeit und gegebenfalls Beendigung der Gruppenarbeit. Auswertung der Unterrichtseinheit durch erneutes Ausfüllen des Fragekatalogs der ersten Stunde.	S. präsentieren ihre Ergebnisse Wissensstand der S. zum Ende der Einheit ermitteln→Lernzuwachs?!?

1.4. Ziele der Unterrichtseinheit

Kompetentes Handeln erfordert vom Einzelnen ein Zusammenwirken von Leistungs- und Verhaltensdisposition, also von kognitiven und sozialen Fähigkeiten[3]. Dieses Zusammenwirken wird als Handlungskompetenz bezeichnet und erfordert ein komplexes zusammenspiel von Sach-, Methoden-, sozialer und personaler Kompetenz. Die Darstellung der Ziele erfolgt in den einzelnen Kompetenzbereichen.

Kompetenz	Die Schüler können/kennen/wissen:
Methodenkompetenz	- Eigenverantwortlich lernen und arbeiten. - Arbeitsaufträge selbstständig umsetzen. - Arbeitsmaterialien sachgerecht anwenden. - verschiedene Lernstrategien, Arbeitstechniken und Übungsmethoden anwenden. - Sich Aufgaben und Zeit selbstständig und sinnvoll einteilen.
Sachkompetenz	- körperliche und seelische Veränderungen in der Pubertät. - männliche und weibliche Geschlechtsorgane nennen und deren Funktion ebschreiben. - den Menstruationszyklus erläutern. - Regeln zur Körperhygiene. - die Entwicklungsstadien von der Eizelle bis zur Geburt. - geignete Verhütungsmittel zur Schwangerschaftsvorbeugung. - wie sie sich vor Geschlechtskrankheiten schützen. - Fachwörter sachrichtig verwenden. - Nahrungsmittel für Babys und deren Zubereitung. - Grundlegendes zur Pflege eines Babys (wickeln, anziehen)
Personale Kompetenz	- Mit Fremd- und Eigenmaterialien sorgfältig umgehen und gezielt nutzen. - Sich selbst einschätzen und dem Leistungsstand entsprechende Aufgaben auswählen. - Eigene Ziele konsequent verfolgen. - Vertrauen in ihre eigene Denkfähigkeit und Kreativität entwickeln.
Soziale Kompetenz	- Im Gespräch mit Mitschülern für aufkommende Probleme und Fragen gemeinsam eine Lösung finden. - Hilfen selbstständig anfordern, annehmen und anbieten. - Sich in verschiedenen Sozialformen kooperativ einbringen. - Vereinbarte Regeln einhalten.

---

[3] Vgl.: Rahmenlehrplan von Schülern mit sonderpädagogischen Förderschwerpunkt Lernen, S. 12.

2. <u>Thema der geplanten Unterrichtsstunde</u>

Das Baby ist da – und nun? Pflege und Ernährung eines Babys.

2.1. Lernziel der Unterrichtsstunde

Die Schüler lernen verschiedene Nahrungsmittel für Babys kennen und vergleichen sie bezüglich ihres Preises und Handhabung. Sie untersuchen Stoffwindeln und Wegwerfwindeln, um sie auf ihre Anwendung und Preis hin zu untersuchen.

Die Schüler erreichen dies, indem sie sich Wissen über die Pflege und Versorgung eines Babys spielerisch und handlungsorientiert in Gruppen aneignen.

Phase	Ziel
Einführung	- Überblick geben
Erarbeitung	- Nahrungsmittel kennen lernen - Nahrungsmittel nach gesund und ungesund einteilen - Nahrungsmittel nach Rezept zubereiten - Nahrungsmittel nach Kriterien (Preis, Zubereitung, mögliche Fehler) vergleichen - Handhabung und Reinigung von Babyflasche und Sauger - Windelarten kennen - Windeltechnicken durchführen - Windelarten nach vorgegebenen Kriterien vergleichen
Präsentation	- Ergebnisse vorstellen - Vor Gruppe sprechen - Anderen zuhören - Informationen mündlich aufnehmen
Auswertung	- Wiederholung und Feedback

3. <u>Voraussetzungen für die Unterrichtsstunde</u>

3.1. Sachdarstellung

Babynahrung oder Säuglingsnahrung ist der Oberbegriff für alle Lebensmittel, die für die Ernährung von Säuglingen besonders geeignet sind. Die natürliche Anfangsnahrung ist Muttermilch, die optimal den Bedürfnissen des Säuglings entspricht. Die industriell hergestellte Babyfertignahrung wird unterteilt in Säuglingsanfangsnahrung, Folgenahrung und Beikost.

Beikost besteht in der Regel aus schwach gewürzten Obst- und Gemüsebrei, teils auch aus püriertem Fleisch und kann auch selbst hergestellt werden. Ab dem etwa dem 5. Monat solle zur Milchnahrung Beikost mitgefüttert werden. Mit etwa zwölf Monaten können Kleinkinder allmählich an Erwachsenenkost gewöhnt werden.

Vergleich Stillen und Brei:

Stillen	Brei
Geht schnell	Muss nach Anleitung zubereitet werden
Für Baby am Gesündesten	gesund
Kostet nichts	teurer
Schmeckt dem Baby gut	Manchmal nicht so lecker

Flasche halten

Die Babyflasche wird schräg in der Hand gehalten. Der Sauger sollte immer mit Nahrung gefüllt und das Saugloch nicht zu groß sein. Die Größe des Sauglochs hängt von der darin befindlichen Nahrung ab. Generell gilt, dass aus der abwärts gehaltenen Flasche 1Tropfen pro Sekunde heraustropfen sollte.

Der Pflege von Babyflasche und Sauger kommt eine hohe Bedeutung zu. Nach der Mahlzeit sollte beides mit Leitungswasser und Spülmittel gereinigt werden. Das anschließende Auskochen beider, dient zu Abtötung von Keimen und ist daher notwendig. Alternativ können Sauger und Babyflasche in der Geschirrspülmaschine gereinigt werden, da auch dort hohe Temperaturen herrschen, die Keime abtöten. Zum Trocknen wird die Flasche mit dem Kopf nach unten auf ein Tuch gestellt.

Die Windel ist ein körpernah eingesetzter Saugkörper zur Aufnahme von Urin und Kot. Bei den Windeln wird zwischen Einweg- und Mehrwegwindeln unterschieden, wobei einige Merkmale bei beiden Produkten gleich sind. Die größten Unterschiede im Aufbau finden sich im Sauggkörper und bei der Fixierung am Körper.

Die Einwegwindeln bestehen aus einem Saugkern, die von einem Vlies umhüllt sind. Mehrwegwindeln sind waschbar und werden in unterschiedlichen Ausführungen angeboten. Die klassischen Stoffwindeln aus Mull- oder Moltontüchern sind seit der Einführung der Einwegwindeln fast verschwunden. Die traditionellen Windeln sind von modernen Systemen mit Klettverschluss oder Druckknöpfen abgelöst worden und entsprechen größtenteils in der Handhabung den Einwegwindeln.[4]

Windeln, egal welcher Bauart werden im Intimbereich angelegt und wie eine normale Unterhose getragen. Der Hautpflege kommt bei den Windelträgern eine besondere Bedeutung zu. In der Säuglingspflege ist es üblich die Haut bei jedem Windelwechsel zu reinigen, damit die Säuglinge und Kleinkinder keine Rötungen oder Entzündungen bekommen.

3.2.   Beschreibung der Lerngruppe

3.2.1.   Zusammensetzung der Lerngruppe

Die Klasse 8b wird zurzeit von 7 Mädchen und 2 Jungen besucht. Vier Schüler haben einen Migrationshintergrund. Sie sind alle in Deutschland geboren, aber in ihrem Zuhause wird vorrangig die Muttersprache ihrer Eltern[5] gesprochen. Die deutsche Sprache wird weitestgehend beherrschen. Seit diesem Schuljahr wird die Klasse von ihrer neuen Klassenlehrerin Frau xxx unterrichtet. Die Zusammensetzung der Klasse hat sich seit diesem Schuljahr stark verändert. Drei Schüler haben die Klasse verlassen und lernen nun an einer anderen Schule. S lernt seit Mitte September und J seit November in dieser Klasse.

Aktuelles:

Am Freitag findet der Unterrichtsbesuch in einem provisorisch eingerichteten Raum statt, da der Klassenraum renoviert wird. Daher ist wenig Platz vorhanden und viele Gegenstände stehen herum. Es kann sein, dass die Schüler auf die veränderte Situation unruhig reagieren.

3.2.2.   Lernausgangssituation, Arbeits- und Sozialverhalten

Die Schüler zeigen in der Regel ein sozial verträgliches Verhalten zueinander. Sie akzeptieren sich mit ihren Schwächen und helfen einander. Durch den Klassenlehrerwechsel, der neuen Gruppenzusammensetzung und auch „Stimmungsschwankungen" in der Pubertät geraten die Mädchen in der Klasse des Öfteren aneinander, so dass je nach Tagesform die Streitigkei-

---

[4] www.wikipedia.de, 01.12.2008
[5] Serbisch, kroatisch und albanisch

ten der Schülerinnen untereinander zu einem ungünstige Tagesverlauf führen können. Besonders I hat große Schwierigkeiten sich über einen längeren Zeitraum zu konzentrieren und ihr Verhalten zu steuern. Nach Konflikten kann sie ihr Verhalten reflektieren und zum Teil weiter arbeiten, geschieht dies nicht kann es geschehen, dass sie sehr unbeherrscht reagiert und in hohem Maße das Unterrichtsgeschehen stört. Derzeit suche ich gemeinsam mit der Klassenleiterin nach Möglichkeiten, um I Grenzen zu zeigen, aber auch Wege, wie sie sich helfen kann.

I und E geraten häufig in Streit. Je nachdem ob sie sich verstehen wollen sie zusammen arbeiten oder nicht. In beiden Fällen geben sie kein gutes Team ab. Sie verstärken sich in ihrem negativen Verhalten, so dass sie den Unterrichtsablauf massiv stören. Auch J und P arbeiten ungern zusammen. Deshalb wird bei einer Gruppeneinteilung oder Teamarbeit darauf geachtet, dass diese Schüler nicht zusammenarbeiten, um zu den gewünschten inhaltlichen Ergebnissen zu kommen.

S ist seit Mitte September in der Klasse. Sie ist zurückhalten, hilfsbereit und freundlich. In die Klasse hat sie sich gut integriert und schon erste Freundschaften geschlossen.

J lernt erst seit zwei Wochen in der 8b, weshalb ich sie noch nicht so gut einschätzen kann. Sie ist eine Klassenstufe aufgestiegen. Werden andere Mitschüler ermahnt oder fallen durch ihr Verhalten deutlich auf, stichelt sie leise und schürt den Ärger so weiter.

Die Schülergruppe zeichnet sich durch hohe Motivation, Lernwilligkeit und Anstregungsbereitschaft aus. Sie sind in der Lage strukturiert mit ihren Arbeitsmaterialien umzugehen. Das **selbständige Arbeiten** wird durch offene Unterrichtsmethoden, die bereitwillig angenommen werden, geübt. Getroffene Differenzierungsmaßnahmen werden zum Großteil akzeptiert und nicht hinterfragt. In der Regel entscheiden die Schüler eigenständig welchen Schwierigkeitsgrad der Aufgabe sie bearbeiten. Hierbei schätzen sie ihr Leistungsvermögen gut ein.

Das **Leistungsniveau** der Klasse ist sehr unterschiedlich. E, Z, J und P fehlten bei einigen Themen, so dass ihr Wissen Lücken aufweist. Sinnentnehmendes Lesen bereitet besonders E, P und S Schwierigkeiten, so dass Arbeitsanweisungen klar, kleinschrittig und deutlich formuliert werden müssen.

J, Z und F sind sehr leistungsstark und übernehmen innerhalb der Klasse gerne Helferrollen. Die **Konzentrationsfähigkeit** lässt besonders bei E, I und P ab der 4. Stunde stark nach.

3.2.3. Einzeldarstellungen der Schüler

Name	P	E	I	S	F	I	J	Z	J
selbstständiges Arbeiten	+	+	+	?	+++	++	+++	+++	++
sinnerfassendes Lesen	O	O	++	O	+++	+++	++	+++	+++
Aufgabenverständnis	+	+	+++	+	+++	+++	+++	+++	+++
Selbsteinschätzung	+	+	++	++	++	+++	++	++	?
Kooperationsfähigkeit	++	++	+++	+++	+++	++	++	+++	++
Konzentrationsvermögen	+	+	+++	++	+++	++	+++	++	++
Arbeitstempo	+	+	++	+	++	+++	+++	+	+++
Frustrationstoleranz	++	O	++	?	++	+	++	++	?
Problembewältigungsstrategie	+	+	+++	?	++	+++	++	++	?
Reflexionsfähigkeit	O	+	++	?	++	+++	++	++	?
Ergänzungen	verwaschene Aussprache Unordnung in Arbeitsmaterialien Unsauberes Schriftbild	Starker Rededrang, häufig krank, verpasst viel inhaltlichen Stoff	geringe mündliche Mitarbeit, nach Aufforderung gute Leistung	geringe mündliche Mitarbeit, sehr zurückhaltend, seit September in Klasse	Sehr zurückhaltend und geringe mündliche Mitarbeit, nach Aufforderung richtige Antworten	Sehr willensstark, kann je nach Tagesform angepasstes Verhalten zeigen, starker Rededrang	Kann eigenwillig sein, besonders wenn er eine Aufgabe für sinnlos hält	Leistungen stark von Tagesform abhängig	Schnelle, hastige und ungründliche Arbeitsweise, seit November in der Klasse

+++: →sehr gut ausgeprägt

++: →größtenteils ausgeprägt

+: →Schüler bedarf gelegentlicher Unterstützung in diesem Bereich

O: →Schüler bedarf starker Hilfen und/oder Differenzierung

?: →keine eindeutige Aussage möglich

3.2.4. Lernvoraussetzungen der Schüler im Hinblick auf die Unterrichtsstunde

	Lernvoraussetzung	P	E	I	S	F	I	N	J	J
Sachkompetenz	Messen/ wiegen mit Hilfsmitteln	+	+	++	?	++	++	++	++	?
	Zubereitung nach Rezept[6]	--	--	+++	--	+++	+++	--	++	+++
	Sachaufgaben lösen (Grundrechenarten)[7]	+	+	--	++	--	--	++	--	--
	Nach festgelegten Kriterien bewerten	+	+	++	+	++	++	++	++	++
Methodenkompetenz	Aufgabenverständnis	+	+	++	+	++	+++	++	+++	+++
	Teamfähigkeit	++	++	+++	++	+++	+++	+++	+++	++
	Arbeitsplanung, Lernstrategien	o	o	++	+	++	++	++	++	?
Soziale Kompetenz	Einhalten von Regeln	++	++	+++	+++	+++	+	+++	+++	++
	Selbständigkeit	++	+	+++	+	+++	+++	+++	+++	+++
	Konzentrationsfähigkeit	+	+	+++	++	+++	++	+++	+	++
	Kooperationsfähigkeit	+	+	+++	++	+++	++	+++	+	?
personale Kompetenz	Selbstvertrauen	++	++	+	+	+	++	++	++	++
	Hilfe annehmen	++	++	++	++	++	++	++	++	?

+++: →sehr gut ausgeprägt

++: →größtenteils ausgeprägt

+: →Schüler bedarf gelegentlicher Unterstützung in diesem Bereich

O: →Schüler bedarf starker Hilfen und/oder Differenzierung

?: →keine eindeutige Aussage möglich

---

[6] Nur Gruppe 1
[7] Nur Gruppe 2

4. <u>Entscheidungen für die geplante Unterrichtsstunde</u>

4.1.   Didaktische – methodische Entscheidungen

Das Vorwissen der Schüler in Bezug auf Pflege und Ernährung eines Babys ist sehr unterschiedlich. Einige Schüler, besonders die mit jüngeren Geschwistern, verfügen über Vorerfahrungen, aber auch ihr Wissen ist lückenhaft. Gerade für ihre weitere Lebensplanung und den verantwortungsbewussten Umgang damit ist es wichtig zu wissen wie und womit ein Baby ernährt und gewickelt wird. Aus dem weiten Feld der Babypflege habe ich mich für diese zwei Punkte entschieden, da die Schüler so handlungsorientiert arbeiten können und ihr Interesse hoch ist.

Zu Beginn der Stunde wird das Thema vorgestellt, indem ich Puppen hochalte und die Klasse gemeinsam einen Namen sucht.

Anschließend wird der sich an der Tafel befindende Fahrplan der heutigen Stunde vorgestellt. So erhalten die Schüler eine inhaltliche und zeitliche Orientierung.

Ich teile die Klasse in zwei Gruppen ein. Jeder Schüler erhält ein Puzzlestück, wenn sie es mit den anderen Zusammensetzen und ein Bild herauskommt, haben sie ihre Gruppenmitglieder gefunden. Ich teile sie in zwei leistungshomogene Gruppen ein, da ein Arbeitsauftrag umfangreicher und schwieriger umzusetzen ist. Auch bei der abschließenden Information müssen mehr Informationen vorgestellt werden.[8]

Gruppe 1	Gruppe 2
I[9]	E
I	P
F	S
J	Z
J	

In jeder Gruppe ist ein verantwortlicher Experte. In der 1. Gruppe ist es I. Ich habe sie ausgewählt, da sie jüngere Geschwister hat, ihr Bruder ist zwei Jahre alt. Daher nehme ich an, dass sie über mehr Vorerfahrungen verfügt, als ihre Mitschüler. In der zweiten Gruppe ist es E. Auch sie hat einen kleinen Bruder, der reichlich ein Jahr alt ist. Von ihr weiß ich, dass sie

---

[8] Am Monat waren 3 Schüler der Gruppe 2 krank, so dass (wenn es dabei bleibt) die Gruppeneinteilung spontan geändert werden muss
[9] Experten

ihrer Mutter bei der Pflege hilft. Die Experten sollen ihrer Gruppe beim Bearbeiten der Aufgabe helfen und vielleicht Tipps geben von Dingen, die sie selber schon erfahren haben. Zusätzlich sollen sie darauf achten, dass sich alle in der Gruppe an der Aufgabe beteiligen.

Anschließend wird die Aufgabe der einzelnen Gruppen erläutert.

<u>Gruppe 1:</u>

Die Gruppe 1 stellt Möglichkeiten der Babyernährung vor, von der Geburt bis 1. Lebensjahr. Dazu erhalten sie verschiedene Aufgabenkarten, die sie bearbeiten sollen. Die Gruppe muss herausfinden, welche Nahrungsmittel[10] für Babys geeignet Im Einführungstext wird beschrieben, dass Neugeborene andere Nahrung benötigen als z.B. ein 5 Monate altes Baby. sind.

Die Gruppe liest zuerst einen Einführungstext, indem wesentliche Inhalte der Stunde aufgeführt sind. Anschließend bearbeiten sie die Aufgaben[11] Sie sollen die richtige Haltung der Flasche kennen lernen und herausfinden wie eine Babyflasche und Sauger gereinigt werden muss. Danach bereiten sie 3 verschiedene Nahrungsmittel zu.

Das erste Nahrungsmittel ist eine <u>Dauermilch</u>, mit denen Babys von Geburt an ernährt werden können. Hierzu müssen sie sich genau die Anleitung durchlesen, um die Dauermilch richtig anzumischen. Auf der Verpackung erfahren sie auch wichtiges zur Anwendung der Dauermilch. Um es zuzubereiten müssen sie Wasser kochen und die richtige Menge Wasser mit einem Messbecher abmessen, die Temperatur und die Menge der trinkfertigen Nahrung mit einem Messlöffel bestimmen.

Das zweite Nahrungsmittel ist ein <u>Milchbrei</u>. Auch dieser wird zubereitet. Zusätzlich zum Wasserkocher, Thermometer und Messbecher benötigen sie hier eine Waage, um die benötigte Menge Brei/Pulver abzumessen.

Das letzte Nahrungsmittel ist ein <u>Babybrei</u> im Glas. Dieser muss nur noch erwärmt werden und dann ist er fertig. Da in der Stunde keine Möglichkeit ist, diesen zu erhitzen, liest sich die Gruppe die Zubereitungsart „nur" durch und beschreibt sie.

Schwierigkeiten könnte die Gruppe beim genauen Abmessen und Wiegen der Mengen haben.

---

[10] Muttermilch, Folgenahrung, Babybrei
[11] Siehe Anhang Aufgaben

Sie sollen bei allen drei Nahrungsmittel Fehlerquellen herausfinden, bzw. auf was besonders geachtet werden sollte. Ihre Ergebniss halten sie in einer Tabelle (Vor- und Nachteile von Stillen und Fertignahrung) fest. Da die Begriffe Vorteil und Nachteil bei den Schülern nicht gefestigt sind, verwende ich die Bezeichnungen PLUS (gut) und MINUS (schlecht).

Ihre Ergebnisse stellen sie schließlich der Klasse vor. Als Hilfe erhalten sie eine Art Leitfaden[12] mit Aspekten, die in der Präsentation enthalten sein sollten:

Die erhaltenen Informationen halten sie auf einem Arbeitsblatt fest, welches zur nächsten Stunde für die andere Gruppe kopiert wird.

Nachdem die Ergebnisse präsentiert wurden, stellen sie der anderen Gruppe drei Fragen zum Inhalt. Für den Notfall halte ich verschiedene Fragen bereit, falls ihnen keine einfällt.

Gruppe 2:

Die zweite Gruppe beschäftigt sich mit der Babypflege. Auch sie bekommen einen Einführungstext um ihnen einen Überblick zu verschaffen. Sie finden heraus, wie ein Baby gewickelt wird. Dazu erhalten sie Einwegwindeln und Mehrwegwindeln, die öfter benutzt werden können. Sie sollen das Baby (Puppe) wickeln und Unterschiede feststellen. Eine Anleitung finden die Schüler im Buch. Da in diesem Buch die Begriffe Wegwerfwindel und Stoffwindel verwendet werden, befinden sich auf den Arbeitsanweisungen und auf dem Arbeitsblatt der Schüler diese Bezeichnungen. Das Baby/die Puppe wird angekleidet. Da das Puppenbaby sich nicht bewegt, wird es ihnen leichter fallen. Das Ankleiden der Puppe wird dieser Gruppe als Zusatzaufgabe gegeben, da es schwer einzuschätzen ist, wieviel Zeit sie für das Lösen der Aufgaben benötigen. Anschließend führen sie zwei Experimente durch. Zum Einen schneiden sie eine Einwegwindel auf, um sich das Innenleben bzw. den Aufbau dieser Windel anzuschauen, zum Anderen testen sie die Saugfähigkeit beider Windelsorten.

Für alle Arbeitsschritte/Aufgaben erhalten sie Karten mit Hilfen bzw. Erläuterungen, damit sie die Aufgaben bewältigen können.

Ihre Arbeitsergebnisse halten sie auch auf einem Arbeitsblatt fest, welches für die andere Gruppe kopiert wird. Auch ihre Resultate präsentiert die Gruppe der Klasse. Sie erhalten wie die andere Gruppe einen Leitfaden[13] zur Präsentationshilfe.

---

[12] Siehe Anhang
[13] Siehe Anhang

Abschließend überlegt sich die Gruppe drei Fragen, die sie den anderen nach Abschluss der Präsentation stellt.

Ich habe mich für eine Gruppenarbeit entschieden, da ich hoffe, dass sich die Schüler gegenseitig helfen und unterstützen, besonders da ihr Vorwissen sehr unterschiedliche ist. Das Vorstellen ihrer Ergebnisse vor der Klasse ist ein Schritt in Richtung Präsentationsprüfung, die in der zehnten Klasse gemacht werden muss. Da es allen Schülern in dieser Klasse Schwierigkeiten bereitet Ergebnisse vorzustellen, aber auch anderen ruhig zuzuhören und dabei Informationen aufzunehmen, ist es wichtig dies regelmäßig zu üben und damit eine „Präsentationsfähigkeit" anzubahnen. Aus diesen Gründen habe ich mich entschieden, die Schüler ihre Erkenntnisse präsentieren zu lassen, obwohl sie mit hoher Wahrscheinlichkeit dabei Schwierigkeiten haben werden.

Nach Abschluss der Präsentation geben die Schüler und ich ein Feedback. Dazu stellt jede Gruppe der anderen drei Fragen zu ihrem Inhalt. So kann festgestellt werden ob die andere Gruppe zugehört hat bzw. den Inhalt der anderen Gruppe aufgenommen hat.

Da ich mir unsicher bin, ob die Präsentation der Ergebnisse in dieser Stunde geschafft wird, habe ich für Montag noch Zeit eingeplant.

4.3.   Tabellarische Stundenverlaufsplanung

Phase / Zeit	Geplanter Unterrichtsverlauf	Interaktionsform, Organisation, Methode	Medien/Arbeitsmittel	Didaktisch-methodischer Kommentar
Begrüßung 11:00 – 11.02	Begrüßung der Gäste und Schüler	Frontalunterricht/ S. sitzen an den Tischen		Kennzeichnung des Unterrichtsbeginns gegenseitige Wertschätzung
Einstieg 11:02 – 11:10	Vorstellung des Stundenthemas und heutigen Fahrplans. Einteilung in Gruppen Vorstellen der Puppen mit Namen und Aufträge in den Gruppen Bestimmung des Experten in der Gruppe mit seinen Aufgaben	Frontal UG	Tafel, Gruppenpuzzle, Puppen	Orientierung /Sicherheit Reflektieren das Helfersystems
Erarbeitung 11:10 – 11:30	S. arbeiten selbständig in Gruppen Gruppe 1: Ernährung eines Babys Gruppe 2: Pflege eines Babys	Offen Unterrichtsform/S. arbeiten in Kleingruppe	Texte, Arbeitsblätter, Arbeitsanweisungen, Puppen, Windeln, Babynahrung, -flasche	Prinzip der Selbsttätigkeit Prinzip der Differenzierung kooperative Arbeitsformen
Präsentation 11:30 – 11.40	Schüler präsentieren ihre Ergebnisse vor der Klasse	Frontal UG	Arbeitsblatt	Würdigung der Arbeitsergebnisse Präsentieren eigener Ergebnisse
Auswertung 11:40 – 11:45	Gemeinsames Feeback, Beantwortung der Fragen.[14] Verabschiedung	Frontal UG		Ergebnissicherung Markierung des Unterrichtsendes

---

[14] Wird eventuell am Montag nachgeholt

5. **Anhang**

5.1. **Literatur**

- Rahmenlehrplan für Schüler mit sonderpädagogischen Förderschwerpunkt Lernen (Berlin). Wissenschaft und Technik Verlag,2005.
- Statz, M.: Liebe – Körper – Gefühle. Auer Verlag GmbH Donauwörth.
- Lehrbuch: Natur begreifen – Biologie 2. Schroedel, 2005.
- Schuster-Brink, C.: Mein großes Babybuch. Südwest Verlag 1995.
- Stoppard, M.: Säuglinge, Babys und Kinder. Ravensburger Verlag 1995.
- Fenwick, E.: Alles über Babys und Kinder. Ravensburger Verlag 1991.
- www.bzga.de
    - o Broschüren
- www.wikipedia.de

5.2. Arbeitsblätter, Texte, Arbeitsanweisungen

5.2.1. Gruppe 1

Einführungtext Babynahrung

Muttermilch ist die beste Ernährung für Säuglinge von der Geburt an und sie ist mehr als nur Nahrung. Sie schützt vor Krankheiten und schafft eine besondere Beziehung zwischen Mutter und Kind. Wird ein Baby mit Muttermilch ernährt, spricht man vom Stillen. Wenn eine Mutter ihr Baby stillt, muss sie darauf achten, was sie isst. Durch die Muttermilch nimmt das Baby auch Giftstoffe, wie Nikotin oder Alkohol auf.

Einige Mütter können oder wollen ihr Baby nicht stillen. Sie müssen ihr Baby mit einem Fertigprodukt ernähren. Dieses ist aber nicht ganz so gesund wie Muttermilch.

Wenn eine Mutter nicht stillen kann, benötigt ihr Baby je nach Alter unterschiedliche Nahrung. In den ersten 5 Lebensmonaten sollte das Baby mit einer Anfangsnahrung/Dauermilch gefüttert werden. Sie ist ähnlich wie Muttermilch und hat verschiedene Namen. Die Zubereitungsart steht auf der Verpackung. Es muss sich genau an die Anleitung gehalten werden.

Ab dem 5. Monat kann mit einer Beikost begonnen werden. Beikost sind unterschiedliche Sorten Brei. Der Brei kann aus Gemüse, Kartoffeln, Fleisch oder Milch bestehen. Jede Mutter muss selbst entscheiden ob sie den Brei selbst kocht oder fertigen Brei verwendet. Es gibt Brei in Pulverform, der genau nach Anleitung zubereitet wird. Man kann auch fertigen Brei im Gläschen kaufen. Dieser Gläschenbrei wird nur noch warm gemacht.

Unterschiede bestehen in der Art der Zubereitung und im Preis. Während Stillen umsonst ist, muss für die Fertignahrung bezahlt werden. Die Preise sind sehr unterschiedlich eine Portion Brei kann von 0,20€ bis zu 1,00€ kosten.

<u>Aufgaben:</u>

Flasche halten

- Die Flasche wird schräg in der Hand gehalten.

- Der Sauger soll immer mit Nahrung gefüllt sein.

- Das Saugloch sollte nicht zu groß sein.

Sauger

- Beim Sauger ist die Form und Größe des Sauglochs sehr wichtig.

- Das Saugloch sollte so groß sein, dass aus der abwärts gehaltenen Flasche 1 Tropfen pro Sekunde heraustropft.

- Je nachdem was das Baby zu sich nimmt, ist das Saugloch unterschiedlich groß

- Bei der Dauermilch ist das Saugloch größer als beim Wasser.

Pflege von Flaschen und Saugern

- Leere Babyflasche sofort nach der Mahlzeit mit Leitungswasser und Spülmittel spülen.

- Anschließend müssen Flaschen und Sauger ausgekocht werden.

- Zum Trocknen werden die Flaschen mit dem Kopf nach unten auf ein Tuch gestellt.

- Sauger und Flasche können aber auch in einer Geschirrspülmaschine gewaschen werden.

- Dann müssen sie nicht extra ausgekocht werden.

Experiment (1)

- Bereitet die Dauermilch zu!

- Haltet euch genau an die Anleitung auf der Rückseite!

- Ihr braucht:

  o Wasserkocher

  o Messbecher

  o Babyflasche

- o Thermometer

Experiment (2)

- Bereitet den Milchbrei: Vollkorn – Apfel zu!

- Haltet euch genau an die Anleitung auf der Rückseite!

- Ihr braucht:

    - o Wasserkocher

    - o Waage

    - o Messbecher

    - o Thermometer

    - o Schüssel

Experiment (3)

- Schaut euch den Brei im Glas an!

- Wie wird er zubereitet?

Plus und Minus

- **Plus**: Stillen/Muttermilch

- **Minus**: Stillen/Muttermilch

- **Plus**: Fertignahrung (Dauermilch, Babybrei)

- **Minus**: Fertignahrung (Dauermilch, Babybrei)

    <u>Zusatz</u>:

    - o Welche Fehler können bei Zubereitung des Babybreis gemacht werden?

    <u>Hilfe</u>: Buch: Säuglinge, Babys und Kinder, S. 42 bis 43 (Stillen) 50 bis 53 (Fertignahrung/Flaschennahrung)

Leitfaden

- Mit welchen Nahrungsmitteln kann ein Baby ernährt werden

- Vorstellen der drei Nahrungsmittel

- Welche Gefahren/Fehlerquellen können auftreten

- Vergleich Stillen und Fertignahrung? Was ist besser in Bezug auf Preis, Handhabung, Zeitaufwand?

- Wie wird die Babyflasche gehalten?

- Größe des Sauglochs?

- Reinigung der Babyflasche

- 3 Fragen für die andere Gruppe überlegen

Arbeitsblatt Babynahrung

1. Welche Nahrung ist für Babys von der Geburt an geeignet?

2. Welche Nahrung ist für Babys ab dem 5. Monat geeignet?

3. Wie wird die Babyflasche gehalten?

4. Auf was ist beim Sauger zu achten?

5. Pflege der Babyflasche und des Saugers

6. Plus (gut) und minus (schlecht) beim Stillen und bei Ferignahrung!

	Plus	Minus
Stillen		
Fertignahrung		

5.2.2. Gruppe 2

<u>Einführungstext Babypflege</u>

Es gibt zwei verschiedene Arten von Windeln. Wegwerfwindeln werden nach der Benutzung weggeworfen. Stoffwindeln bestehen aus Stoff und können nach dem Waschen mehrmals verwendet werden. Sie unterscheiden sich in der Benutzung. Wegwerfwindeln haben einen größeren Saugkörper. Sie nehmen mehr Flüssigkeit auf. Wegwerfwindeln passen sich gut dem Körper an und werden mit einem Klettverschluss zugemacht. Es gibt sie in vielen verschiedenen Größen. Je nachdem wie schwer und groß das Baby ist, muss eine andere Sorte gekauft werden. Eine Wegwerfwindel kostet etwa 30 Cent. Ein Baby verbraucht im Durchschnitt 9 Windeln am Tag.

Stoffwindeln sind in der Handhabung etwas komplizierter. Sie müssen nach einer bestimmten Technik gewickelt werden. Eine Stoffwindel kostet 120 Cent, aber dafür kann sie sehr lange benutzt werden. Zu dem Preis für die Stoffwindel kommen aber noch die Kosten für das Waschen hinzu. Stoffwindeln müssen nach der Benutzuung gekocht werden. Das kostet Strom. Die Stoffwindel kann nicht so viel Flüssigkeit aufnehmen, wie eine Einwegwindel.

Windeln müssen regelmäßig gewechselt werden, sonst kann sich der Intimbereich des Babys entzünden. Man sagt auch wund sein dazu. Deswegen muss das Baby nach dem Windel wechseln immer gut saubergemacht werden, dazu gibt es spezielle Tücher in der Drogerie zu kaufen. Aber es geht auch ein feuchter Waschlappen.

<u>Arbeitsaufträge:</u>

- Text lesen

- Puppe mit Stoffwindel wickeln

- Puppe mit Wegwerfwindel wickeln

- Experiment 1: Aufschneiden

- Experiment 2: Saugfähigkeit

- Versuch: Wieviel Flüssigkeit nimmt eine Windel auf?

- PLus und Minus der Windelsorten

<u>Hilfen und Erklärungen</u>

<u>Mit Stoffwindel wickeln</u>

- Eine Anleitung findet ihr im Buch: „Mein großes Babybuch", S. 156.

- Achtung: auf die zum Dreieck gefaltete Windel kommt noch eine Vlieseinlage (nach Bild 1)!

- Darüber kommt ein Windelhöschen aus Kunststoff.

- Ihr könnt auch im anderen Buch: „Alles über Babys und Kinder" auf der Seite 81 nachschauen, dort findet ihr eine andere Windelanleitung

- Entscheidet selbst, welche Anleitung euch besser gefällt.

<u>Mit Wegwerfwindel wickeln</u>

- Schaut euch das Bild auf der Verpackung an!

- Versucht selber herauszufinden, wie die Wegwerfwindel benutzt wird!

- Frag den Experten in der Gruppe um Hilfe!

- Eine Anleitung findet ihr im Buch: „Alles über Babys und Kinder" auf S. 80!

<u>Experiment (1)</u>

- Schneidet eine Wegwerfwindel auf und schaut euch das Innenleben der Wegwerfwindel an!

- Was ist anders im Vergleich zur Stoffwindel?

Experiment (2)

- Nehmt einen Messbecher und gießt vorsichtig und langsam Wasser in eine Wegwerfwindel bis die Windel voll ist!

- Macht das Gleiche mit der Stoffwindel!

- Welche Windel nimmt mehr Flüssigkeit auf?

- Könnt ihr herausfinden, wieviel Wasser die Windel aufgenommen hat?

Experiment (2) Hilfe

- *Schau wieviel ml Wasser im Messbecher sind*

- *Schau wieviel ml Wasser im Messbecher sind, nachdem du in die Windel das Wasser gegossen hast*

- *Bilde die Differenz (rechne Minus)*

Z.B.: erst waren 1000ml Wasser im Becher, nach dem Gießen sind noch 870 ml Wasser im Becher.

- Rechne: 1000 ml – 870 ml = 130 ml

- Die Windel hat also 130 ml Wasser aufgenommen.

Plus und Minus

- **Plus**: Was findet ihr an der Wegwerfwindel gut?

- **Minus**: Was findet ihr an der Wegwerfwindel nicht so gut?

- **Plus:** was gefällt euch an der Stoffwindel?

- **Minus**: Was gefällt euch an der Stoffwindel nicht?

  o Preis

  o Welche Windelsorte kann leichter und schneller gewechselt werden?

  o Ist die Anwendung einfach oder schwer?

  o Welche hält besser?

  o Welche nimmt mehr Flüssigkeit auf?

Leitfaden für die Präsentation

- Babypflege was muss beachtet werden

  o Wann wird die Windel gewechselt, wie oft

- Stoff- und Wegwerfwindel kennen lernen und vergleichen

    o Preis, Handhabung, Arbeitsaufwand, was ist anders

    o Entscheiden wer spricht, alle nacheinander oder einer allein

    o Wer zeigt die Materialien den anderen (Windeln)

    o 3 Fragen für die andere Gruppe überlegen

Was ist billiger? - Vergleiche den Preis:

- Im Text steht wieviel Windeln ein Kind durchschnittlich am Tag braucht!

- Eine Wegwerfwindel kostet 24 Cent. Berechne wieviel Euro du bezahlen musst?

- Rechne Mal!

- Was musst du für eine Stoffwindelwindel bezahlen?

- Zusatz: wieviele Wegwerfwindeln braucht ein Baby im Monat und wieviel Geld musst du dafür bezahlen?

Arbeitsblatt Babypflege:

Babypflege

1. Welche Windelarten gibt es?

____

____

2. Wie teuer sind die Windeln

____

____

3. Wie oft wird ein Baby am Tag gewindelt, ungefähr?

____

4. Was wird beim Wechseln der Windel noch gemacht?

____

____

____

5. **Plus** (gut) und **minus** (schlecht) bei den Windelarten!

	Plus	Minus
Stoffwindel		
Wegwerfwindel